上海市工程建设规范

餐饮单位清洁设计技术标准

Technical standard for clean design of catering units

DG/TJ 08—110—2021

J 10473—2021

主编单位:上海建科环境技术有限公司
批准部门:上海市住房和城乡建设管理委员会
施行日期:2021 年 11 月 1 日

同济大学出版社

2021　上海

图书在版编目(CIP)数据

餐饮单位清洁设计技术标准 / 上海建科环境技术有
限公司主编. —上海：同济大学出版社，2021.11
　　ISBN 978-7-5608-9967-1

　　Ⅰ.①餐… Ⅱ.①上… Ⅲ.①餐馆-服务建筑-建筑
设计-技术标准-上海 Ⅳ.①TU247.3-65

　　中国版本图书馆 CIP 数据核字(2021)第 222759 号

餐饮单位清洁设计技术标准

上海建科环境技术有限公司　主编

策划编辑　张平官
责任编辑　朱　勇
责任校对　徐春莲
封面设计　陈益平

出版发行　同济大学出版社　　www.tongjipress.com.cn
　　　　　(地址：上海市四平路 1239 号　邮编：200092　电话：021-65985622)
经　　销　全国各地新华书店
印　　刷　浦江求真印务有限公司
开　　本　889mm×1194mm　1/32
印　　张　1.75
字　　数　47 000
版　　次　2021 年 11 月第 1 版　　2021 年 11 月第 1 次印刷
书　　号　ISBN 978-7-5608-9967-1
定　　价　20.00 元

上海市住房和城乡建设管理委员会文件

沪建标定〔2021〕331号

上海市住房和城乡建设管理委员会
关于批准《餐饮单位清洁设计技术标准》
为上海市工程建设规范的通知

各有关单位：

由上海建科环境技术有限公司主编的《餐饮单位清洁设计技术标准》，经我委审核，现批准为上海市工程建设规范，统一编号为DG/TJ 08—110—2021，自2021年11月1日起实施。原《饮食行业环境保护设计规程》DGJ 08—110—2004同时废止。

本规范由上海市住房和城乡建设管理委员会负责管理，上海建科环境技术有限公司负责解释。

特此通知。

上海市住房和城乡建设管理委员会
二〇二一年五月三十一日

前　言

本标准是根据上海市住房和城乡建设管理委员会《关于印发〈2018 年上海市工程建设规范、建筑标准设计编制计划〉的通知》（沪建标定〔2017〕898 号）的要求，对原上海市工程建设规范《饮食行业环境保护设计规程》DGJ 08—110—2004 进行修订而成。

本标准为落实《饮食业环境保护技术规范》HJ 55 和《上海市饮食服务业环境污染防治管理办法》的实施，为餐饮单位从选址布局到油烟净化、通风、排水、噪声及振动防护和垃圾收集等设施在设计阶段就落实到位提供技术依据。

本标准主要内容有：总则；术语；总体设计；单体设计；油烟净化及通风设计；排水设计；噪声及振动控制；垃圾收集。

本标准修订的主要技术内容是：①由《饮食行业环境保护设计规程》更名为《餐饮单位清洁设计技术标准》；②强制性条文变更为非强制性条文；③对术语进行了修改与完善；④对部分章节名称进行修订；⑤根据现行国家、地方标准及餐饮业发展现状对标准中相应章节的体例与内容进行修订与完善，调整了油烟废气排放口高度要求，整合了餐饮单位与环境敏感建筑间距要求，更新了油烟净化设计、通风设计及隔油处理设计等相关要求。

各有关单位和人员在执行时如有意见和建议，请反馈至上海市住房和城乡建设管理委员会（地址：上海市大沽路 100 号；邮编：200003；E-mail：shjsbzgl@163.com），上海建科环境技术有限公司（地址：上海市宛平南路 75 号；邮编：200032；E-mail：canyinenv@163.com），上海市建筑建材业市场管理总站（地址：上海市小木桥路 683 号；邮编：200032；E-mail：shgcbz@163.com），以供修订时参考。

主 编 单 位:上海建科环境技术有限公司
参 编 单 位:上海建筑设计研究院有限公司
　　　　　　上海旭康环保科技有限公司
　　　　　　中船第九设计研究院工程有限公司
　　　　　　上海市机电设计研究院有限公司
主要起草人:杨　虹　王韫言　蔡治平　朱　喆　李　磊
　　　　　　潘嘉凝　吴皓琛　方翠贞　姚焕清
主要审查人:羌　宁　徐　凤　章迎尔　马伟骏　朱伟君
　　　　　　邬坚平　姚俊鹏

上海市建筑建材业市场管理总站

目　次

Contents

1 总　则

1.0.1　为规范本市餐饮单位清洁设计，优化餐饮单位选址布局，提升油烟净化、通风、排水、噪声及振动防护和垃圾收集设施设计水平，使餐饮单位设计符合国家和本市经济发展和环境保护的需要，特制定本标准。

1.0.2　本标准适用于本市范围内新建、改建和扩建的餐饮单位和非营业性的食堂；本标准不适用于居民家庭厨房。

1.0.3　餐饮单位的设计必须严格执行国家和本市城市规划、环境保护、消防及卫生等相关法律、法规和规章规定及要求。

1.0.4　餐饮单位设计除应执行本标准外，还应符合国家、行业和本市现行有关标准的规定。

2 术 语

2.0.1 餐饮单位 catering unit

从事餐饮经营服务的场所,主要包括以下类型:

1 饭店:以饭菜为主要经营项目的餐馆,包括火锅店、烧烤店等。

2 快餐店:以集中加工配送、当场分餐食用并快速提供就餐服务为主要加工供应形式的餐馆。

3 小吃店:以点心、小吃为主要经营项目的餐馆。

4 食堂:设于机关、学校、企业、工地等地点(场所),为供应内部职工、学生等就餐的单位。

5 从事生产学生盒饭、社会盒饭、桶饭的集体用餐配送单位,即根据集体服务对象订购要求,集中加工、分送食品但不提供就餐场所的单位。

6 中央厨房:由餐饮连锁企业建立的,具有独立场所及设施设备,集中完成食品成品或半成品加工制作,并直接配送给餐饮服务单位的单位。

7 其他从事餐饮服务的单位。

2.0.2 油烟 cooking fume

食物烹饪、加工过程中挥发的油脂、有机质及其加热分解或裂解产物。

2.0.3 环境敏感建筑 environmental sensitive building

对环境要求较高,以居住、医疗卫生、文化教育、科研、行政办公等为主要功能的建筑。

2.0.4 餐饮广场(中心) food square

指在某一区域内,由众多的餐饮单位组成的餐饮建筑群。

2.0.5 井道 air shaft

用建筑材料制成的用于设置输送空气、油烟等管道的土建竖井。

2.0.6 含油废水 oily sewage

餐具清洗、食品清洗及加工、油烟净化装置运行及维护等过程产生的污水。

3 总体设计

3.1 选　址

3.1.1 餐饮单位选址应符合城市规划、饮食卫生和环境功能的要求,同时应与周边自然和人文环境相协调。

3.1.2 餐饮单位宜集中设置。成片开发地区内,规划配套的餐饮单位应设在商业服务区域内。

3.1.3 主城区、新城和新市镇的居民住宅楼内,严禁新建餐饮服务经营场所。

3.1.4 展览馆、博物馆、博览馆和图书馆等的主体建筑内不宜设置产生油烟污染的餐饮单位。

3.2 总平面布置

3.2.1 商住楼内新建餐饮单位应设置独立的对外出入口。

3.2.2 商务楼内餐饮单位宜设置独立的对外出入口。

3.2.3 新建产生油烟的餐饮单位与环境敏感建筑间距应满足以下规定:

　　1 设有餐饮功能的建筑边界与环境敏感建筑边界水平间距不宜小于 9 m。

　　2 裙房内餐饮单位与本楼的住宅建筑上下贴邻时,其厨房与住宅的水平距离不应小于 9 m。

3.2.4 设有餐饮单位的建筑与有特殊保护要求的建筑之间的距离应符合相关保护要求。

4 单体设计

4.1 一般规定

4.1.1 餐饮单位平面布置应满足建筑功能、烹饪加工工艺及卫生的要求,合理组织各种功能流线,避免或减少污染影响。

4.1.2 新建产生油烟污染的餐饮单位,建筑面积不宜小于 $100~m^2$;其厨房室内净高应符合现行行业标准《饮食建筑设计标准》JGJ 64 的有关要求。

4.1.3 餐饮单位人流、物流出入口应分开设置,且与环境敏感建筑直线距离不宜小于 15 m。

4.1.4 餐饮单位应预留下列设备、设施的专用配套空间:

1 送排风机。

2 油烟净化设备(产生油烟污染的餐饮单位)。

3 隔油设施(产生含油废水的餐饮单位)。

4 垃圾贮存场所。

5 专用井道。

4.1.5 餐饮广场(中心)或设有多家餐饮单位的商业综合体宜相对集中处置产生的油烟、废水及垃圾。

4.1.6 隔油池不应设在厨房及其他有卫生要求的空间内,且应便于清运。

4.1.7 垃圾贮存场所不应设在公共场所,其出口应设在次要街道,并便于清理和转运。

4.2 专用配套空间

4.2.1 餐饮单位的排风量及设备配套空间应与其规模相适应,可按本标准附录 A 选用。

4.2.2 隔油设施所需空间应根据隔油工艺、含油废水排放量等因素综合确定,存油部分应便于管理和清运。

4.2.3 垃圾贮存场所面积应满足分类存放的空间需求。

4.2.4 设有餐饮单位的新建建筑必须预留排油烟管道的专用井道,且应预留排油烟管道的清理空间,宜预留管道的更换空间。

4.2.5 餐饮广场(中心)或设有多家餐饮单位的商业综合体的排油烟管道应相对集中设置。

4.2.6 放置送排风机、油烟净化设备的专用空间净高不得低于 1.5 m。

4.2.7 设备需要维护的一侧与其相邻的设备、墙壁、柱、板顶间的距离不应小于 0.45 m。

4.3 进排风口

4.3.1 经油烟净化后的油烟排放口与周边环境敏感建筑的最近直线距离不应小于 20 m;经油烟净化和除异味处理后的油烟排放口与周边环境敏感建筑的最近直线距离不应小于 10 m。

4.3.2 餐饮单位所在建筑物高度不大于 15 m 时,油烟排放口应高出屋顶;建筑物高度大于 15 m 时,油烟排放口高度应大于 15 m。油烟排放口不得朝向环境敏感建筑。

4.3.3 油烟排放口与新风口位于同一侧墙面时,水平距离不应小于 20 m;有条件时,应设置在不同方向的墙面上。

5 油烟净化及通风设计

5.1 一般规定

5.1.1 具备自然进风条件的厨房,应采用自然补风和机械排风系统。

5.1.2 不具备自然进风条件的厨房,应采用机械送、排风系统。

5.1.3 食物烹饪作业时,厨房内应保持负压,负压值应满足现行行业标准《饮食建筑设计标准》JGJ 64 的要求。

5.1.4 厨房的炉灶、蒸箱、烤炉(箱)等加工设施上方应设置不锈钢排风罩。

5.1.5 厨房内的排风管应采用不锈钢板制作,厨房外的送、排风管及厨房内的送风管宜采用镀锌钢板或不锈钢板制作。

5.1.6 油烟应经净化后排放,且应符合现行上海市地方标准《餐饮业油烟排放标准》DB 31/844 的有关规定。

5.1.7 通风系统的送、排风机应采用高效、低噪声产品。

5.1.8 油烟及蒸汽的排风系统可分别设置。

5.1.9 恶臭(异味)气体排风系统与其他排风系统应分别设置。

5.2 烹饪油烟净化设计

5.2.1 产生油烟的炉灶上方应设置油烟排风罩,罩口投影面应大于灶台面,罩口下沿离地高度宜取 1.8 m～1.9 m。

5.2.2 油烟排风罩的罩口风速不应小于 0.6 m/s。

5.2.3 油烟排风管内风速不应小于 8 m/s,不宜大于 12 m/s。

5.2.4 油烟排风系统的净化装置应置于油烟排风机之前。净化装置及油烟和恶臭(异味)排放应符合现行上海市地方标准《餐饮业油烟排放标准》DB 31/844 的有关规定。

5.2.5 餐饮单位应按现行国家标准《固定污染源排气中颗粒物和气态污染物采样方法》GB/T 16157 的要求设置油烟排放监测口及监测平台。

5.2.6 室内水平油烟排风管应设不小于2%的坡度,坡向集油、放油或排凝结水装置方向,且与楼板的间距不应小于 0.1 m。油烟排风立管的底部宜设置放油或排凝结水的装置。

5.2.7 油烟排风管道应便于清洗。

5.2.8 油烟排风管道的强度和严密性应符合现行行业标准《通风管道技术规程》JGJ 141 中中压风管的规定。

5.3 通风设计

5.3.1 厨房的通风换气次数不应小于表 5.3.1 的规定。

表 5.3.1 厨房通风换气次数(次/h)

餐饮类型	中餐	西餐	火锅	咖啡、酒吧
换气次数	40	25	10~15	6

5.3.2 排风罩的罩口风速不宜小于 0.5 m/s。

5.3.3 厨房排风管内风速不应小于 7 m/s。

5.3.4 厨房排风系统垂直向上的排风口口部风速不宜大于 10 m/s,水平排风口口部风速不宜大于 5 m/s。

5.3.5 新风进风口部的吸风速度不宜大于 5 m/s。

5.3.6 餐厨垃圾贮存间应设独立排风系统,通风换气次数不宜小于 8 次/h,并保持室内负压。湿式垃圾房宜设置降温设备。

5.3.7 隔油池置于室内时,应设置密封活动盖板,并配备室内排风系统,通风换气次数不宜小于 8 次/h。

5.3.8 餐厨垃圾贮存间和隔油池室内的排风系统上宜设置恶臭（异味）气体处理装置，恶臭（异味）气体排放应符合现行上海市地方标准《餐饮业油烟排放标准》DB 31/844 的有关规定。

6 排水设计

6.1 一般规定

6.1.1 餐饮单位的排水设计应符合现行国家标准《建筑给水排水设计标准》GB 50015 的规定。

6.1.2 含油废水应与其他排水分流设计。

6.1.3 含油废水应进行隔油处理,隔油处理设施宜采用成品隔油器,含油废水排放应符合现行上海市地方标准《污水综合排放标准》DB31/199 的有关规定。

6.2 隔油处理设计

6.2.1 餐饮单位应按现行国家标准《建筑给水排水设计标准》GB 50015 计算用水量,排水量按用水量的 90% 计算;排放时间按每日 8 h～16 h 计算,并以最高日排水量计算小时水量。当按照餐厅建筑面积进行计算时,单位餐厅建筑面积污水排放量可按 0.040 m³/(m²·d)～0.120 m³/(m²·d) 计算。

6.2.2 餐饮单位含油废水水质可按表 6.2.2 确定。

表 6.2.2　餐饮单位含油废水水质

污染物	pH 值 (无量纲)	BOD_5 (mg/L)	COD_{Cr} (mg/L)	动植物油 (mg/L)	SS (mg/L)	LAS (mg/L)	NH_3-N (mg/L)
平均浓度	6～9	400～600	800～1 200	100～200	300～500	0～10	0～20

6.2.3 当选用隔油池时,隔油池的设计应符合下列要求:

1 隔油效率不应小于 50%。

2 含油废水的水力停留时间不应小于 0.5 h。

3 池内水流流速不应大于 0.005 m/s。

4 池内分格不宜少于 3 格。

5 人工除油的隔油池内存油部分的容积不得小于该池有效容积的 25%;隔油池出水管管底至池底的深度不宜小于 0.6 m。

6 与隔油池相连的管道均应防腐蚀、防冻且耐高温。

6.2.4 当选用成品隔油器时,设计应符合下列要求:

1 符合现行国家标准《建筑给水排水设计标准》GB 50015 和现行行业标准《餐饮废水隔油器》CJ/T 295、《隔油提升一体化设备》CJ/T 410 的规定。

2 隔油效率不宜小于 90%。

7 噪声及振动控制

7.1 一般规定

7.1.1 餐饮单位设备排放的噪声应符合现行国家标准《社会生活环境噪声排放标准》GB 22337 的要求,餐饮单位边界应符合现行国家标准《工业企业厂界环境噪声排放标准》GB 12348 的要求,振动应符合现行国家标准《城市区域环境振动标准》GB 10070 的要求。

7.1.2 餐饮单位应选用低噪声、低振动设备。

7.1.3 餐饮单位产生噪声的设备应远离环境敏感建筑。

7.1.4 水产品专用气泵等设备应设置在经营场所内。

7.1.5 专用机房不应与对噪声和振动有特殊要求的功能用房贴邻布置。

7.2 噪声和振动控制

7.2.1 放置于室外的风机单台噪声不宜大于 80 dB(A),宜设置消声器。

7.2.2 室外空调机组单台噪声不宜大于 80 dB(A)。

7.2.3 专用机房与外界连接的墙、楼板、屋面,其空气隔声指数不应小于 40 dB,门和窗的隔声指数不应小于 35 dB。

7.2.4 餐饮单位应选用阻力损失较小的油烟净化设备。

7.2.5 噪声较大的专用机房宜采用吸声降噪措施。

7.2.6 风机、水泵、室外空调机组宜采取减振措施。

8 垃圾收集

8.1 一般规定

8.1.1 餐饮单位产生的垃圾应实行分类收集、存放，不应污染周边环境。

8.1.2 湿垃圾及废弃油脂应放置在有盖收集容器中，收集容器的容积和数量应符合现行行业标准《环境卫生设施设置标准》CJJ 27 的要求。

8.1.3 废弃油脂应送有资质单位回收处置，湿垃圾可就地处置或委托处置。

8.1.4 特大型、大型餐饮单位或餐饮广场（中心）等的湿垃圾宜就地处置，餐饮单位宜根据自身条件配置湿垃圾就地处理设施。

8.2 垃圾临时存放

8.2.1 垃圾贮存场所短边长度不宜小于 0.6 m。

8.2.2 建筑面积不小于 3 000 m² 的餐饮单位宜配置不小于 30 m² 的垃圾贮存场所；建筑面积在 3 000 m² 以下的餐饮单位，每 100 m² 建筑面积宜配置不小于 1 m² 的垃圾贮存场所。

8.2.3 垃圾贮存场所不宜设在有卫生要求的空间。

附录 A 各类餐饮单位厨房油烟排风量及管道、设备占用面积

A.0.1 中餐类(包括火锅、中式快餐等)厨房油烟排风量及管道、设备占用面积可按表 A.0.1 取值。

表 A.0.1 中餐类(包括火锅、中式快餐等)

序号	餐饮单位建筑面积(m²)	推荐油烟排风量(m³/h)	推荐油烟排风管道面积(净尺寸 m²)	预留油烟净化设备专用面积(m²)
1	≤100	4 000～8 000	0.1～0.2	4～6
2	101～200	6 000～14 000	0.2～0.4	5～8
3	201～500	10 000～24 000	0.3～0.7	6～10
4	501～1 000	20 000～40 000	0.5～1.1	9～12
5	1001～2 000	30 000～70 000	0.7～2.0	10～20
6	2001～3 000	50 000～100 000	1.2～2.8	16～30
7	＞3 000	每增加 500 m²,增加 4 000 m³/h～6 000 m³/h 风量	每增加 500 m²,增加 0.10 m²～0.20 m² 通风管道	每增加 500 m²,增加 3 m² 专用面积

A.0.2 西式快餐厨房油烟排风量及管道、设备占用面积可按表 A.0.2 取值。

表 A.0.2 西式快餐类

餐饮单位建筑面积(m²)	推荐油烟排风量(m³/h)	推荐油烟排风管道面积(净尺寸 m²)	预留油烟净化设备专用面积(m²)
400～600	10 000～16 000	0.25～0.45	5～8
＞600	每增加 200 m²,增加 2 000 m³/h～4 000 m³/h 风量	每增加 200 m²,增加 0.1 m² 通风管道	每增加 200 m²,增加 1 m² 专用面积

A.0.3 饮品店(咖啡馆、酒吧等)每店排风量可取 4 000 m³/h～8 000 m³/h,排风管道面积可取 0.1 m²～0.25 m²,预留净化设备专用面积可取 3.0 m²～5.0 m²。

本标准用词说明

1 为便于在执行本标准条文时区别对待,对要求严格程度不同的用词说明如下:

1) 表示很严格,非这样做不可的用词:

正面词采用"必须";

反面词采用"严禁"。

2) 表示严格,在正常情况下均应这样做的用词:

正面词采用"应";

反面词采用"不应"或"不得"。

3) 表示允许稍有选择,在条件许可时首先应这样做的用词:

正面词采用"宜";

反面词采用"不宜"。

4) 表示有选择,在一定条件下可以这样做的用词,采用"可"。

2 条文中指明必须按其他有关标准和规范执行的写法为:"应符合……的规定"或"应按……执行"。

引用标准名录

1 《城市区域环境振动标准》GB 10070

2 《工业企业厂界环境噪声排放标准》GB 12348

3 《固定污染源排气中颗粒物和气态污染物采样方法》GB/T 16157

4 《社会生活环境噪声排放标准》GB 22337

5 《建筑给水排水设计标准》GB 50015

6 《餐饮废水隔油器》CJ/T 295

7 《隔油提升一体化设备》CJ/T 410

8 《环境卫生设施设置标准》CJJ 27

9 《饮食业环境保护技术规范》HJ 554

10 《饮食建筑设计标准》JGJ 64

11 《通风管道技术规程》JGJ 141

12 《餐饮业油烟排放标准》DB 31/844

13 《污水综合排放标准》DB 31/199

上海市工程建设规范

餐饮单位清洁设计技术标准

DG/TJ 08—110—2021
J 10473—2021

条文说明

2021　上海

目 次

Contents

1 总 则

1.0.1 本标准是对上海市工程建设规范《饮食行业环境保护设计规程》DGJ 08—110—2004(以下简称原规程)的修订。在原规程发布后的十多年来,国家和上海市相继颁布了一系列餐饮业环境保护设施相关的技术规范和标准,包括现行行业标准《饮食业环境保护技术规范》HJ 554 和本市颁布的《餐饮业油烟污染控制技术规范(试行)》等重要文件,对餐饮单位的设计提出了更高的要求。同时,餐饮业的业态也在逐步变化,集中式的餐饮广场(中心)和小型速食加工餐饮单位快速兴起。为了更好地促进上海市餐饮业的发展,进一步规范餐饮单位清洁设计,提高设计技术标准的合理性和可操作性,对原规程的修订实属必要。

1.0.2 修订了原规程的适用范围。原规程中特别提出适用于现有房屋内开办的餐饮单位,该情形可纳入新建、改建和扩建的覆盖范围中,故简化适用范围为:适用于本市范围内新建、改建和扩建的餐饮单位。非营业性的食堂在作业过程中同样会产生各种污染,会对周围敏感目标产生影响,因此在设计时,也应按照此标准执行。本标准不适用于居民的家庭厨房。

1.0.3 为保证城市的布局和结构,减少和避免污染纠纷、火灾、疾病等,在实施本标准的同时,必须满足城市规划、环境保护、消防及卫生的要求,促进餐饮业的健康发展。

1.0.4 餐饮单位设计除应执行本标准外,还应符合国家和本市现行有关标准和规定。其中,油烟污染控制措施应符合上海市《餐饮业油烟污染控制技术规范(试行)》的要求,排放的油烟应符合现行上海市地方标准《餐饮业油烟排放标准》DB 31/844 的规定,排水设计应符合现行国家标准《建筑给水排水设计标准》GB

50015 的规定,降噪设计应符合现行行业标准《环境噪声与振动控制工程技术导则》HJ 2034 和现行国家标准《社会生活环境噪声排放标准》GB 22337 的要求,废弃油脂要按照《上海市餐厨废弃油脂处理管理办法》等实行。

本标准是基于上海地方餐饮业的具体情况对国家或地方有关规范及标准的深化和具体化。因此,在执行时,若本标准有明确规定的,按本标准执行;本标准无明确规定或规定不具体的,应按照现行国家、行业和本市相关标准及规范执行。当本标准中明确规定应符合国家或地方某项标准及规范的规定时,则应按相应标准及规范执行。

2 术 语

2.0.1 本条术语将原规程的"饮食单位"修订为"餐饮单位",并参考现行上海市地方标准《餐饮业油烟排放标准》DB 31/844 对与清洁设计相关的餐饮单位类型进行详细说明。

2.0.3 本标准主要通过控制餐饮单位建筑边界、餐饮单位出入口及油烟排放口等与环境敏感目标所在建筑的距离来降低餐饮单位对环境敏感目标的影响,因此,将原规程中的"环境敏感目标"一词统一为"环境敏感建筑"以便条文的准确表达。另参考现行上海市地方标准《餐饮业油烟排放标准》DB 31/844 对环境敏感建筑的类型进行了细化扩充。

2.0.5 本条术语参考了现行国家标准《饮食业环境保护技术规范》HJ 554,并结合井道实际功能用途,将原规程的"用建筑材料制成的用于设置风管的土建管道"调整为"用建筑材料制成的用于设置输送空气、油烟等管道的土建竖井"。

2.0.6 本次修订增加了对含油废水的术语解释,此处含油废水指餐饮单位在餐具清洗、食品清洗及加工以及油烟净化装置运行及维护过程中产生的含油废水。

3 总体设计

3.1 选 址

3.1.1 餐饮业对环境的影响主要表现在与环境敏感目标间的矛盾。餐饮单位应在设计阶段充分考虑减少油烟、恶臭（异味）、废水及噪声对周边环境的影响，餐饮单位设立要符合城市规划布局，即应建在各级商业服务区或游乐休闲区等非环境敏感目标区域内；同时，区域环境应满足食品卫生的要求，综合兼顾区域的自然和人文环境。

3.1.2 餐饮单位集中设置有利于优化管理和污染治理，并能最大限度的减少与居民住宅间的矛盾。根据国外和上海市近年餐饮业发展的成功经验，以及创造上海市国际化大都市新形象的需要，要求在新城和新市镇的居民社区规划和建设时，将餐饮业集中设在商业服务区域内，与居民住宅等环境敏感建筑保持一定的距离，以合理选择经营场所，减少与周边环境敏感目标的矛盾。

3.1.3 鉴于我国的饮食习惯，餐饮单位产生的部分污染仅依靠末端治理仍很难达到人们对居住生活环境的要求。为兼顾餐饮业发展和人们对居住环境质量的要求，采取餐饮单位与居民住宅分开的措施。本条旨在针对本市主城区、新城和新市镇内的住宅楼进行规定，并对此条进行修订，与《上海市大气污染防治条例》第六十二条中"在本市城镇范围的居民住宅楼内，不得新建饮食服务经营场所"的规定相适应，即规定所有的住宅楼内不得新建餐饮单位，旨在逐步化解本市的餐饮和居住环境的矛盾，使二者能够互不干扰且同时发展。

3.1.4 展览馆、博物馆、博览馆和图书馆类主体建筑内除应考虑环境氛围外,还应考虑对展品的保护,油烟将对环境有较大影响,因此不宜在主体建筑内设置产生油烟污染的餐饮单位。但大型公建不设餐饮服务会给参观者带来很大不便,综合考虑上述因素,在展览馆、博物馆、博览馆和图书馆类建筑中设置餐饮服务宜以无油烟的餐食为主。

3.2 总平面布置

3.2.1 本条由强制性条款修订为非强制性条款,并细化了出入口的类型为对外出入口。

3.2.2 为避免商务楼内用户与餐饮顾客合用出入口造成人流混杂,影响内部管理,对于商务楼内既有的餐饮单位,有条件的宜设置独立的对外出入口。

3.2.3 修订了原条文中独立餐饮建筑与住宅建筑主朝向、次朝向的不同距离要求,统一简化为设有餐饮功能的建筑边界与环境敏感建筑边界水平间距不宜小于9 m。将原规程中对餐饮单位的厨房和医院的门诊楼、住院部及学校的教学楼间距要求统一纳入餐饮功能建筑边界与环境敏感建筑边界的距离控制要求中。

    1 建筑间距9 m是为了满足厨房油烟排放口离环境敏感建筑应大于20 m而定,一般对于小型的设有餐饮功能的建筑,建筑面积约大于100 m²,面宽或进深约大于10 m,油烟排放口安排在建筑远离环境敏感建筑的一边,加上建筑间距,可基本满足离环境敏感目标约20 m的要求。考虑到建筑的间距一般是按照消防和建管条例的要求设计的,9 m的间距为高层和多层的间距,目前上海市建设的住宅主体也是以小高层为主,而裙房一般为多层,因此9 m的间距和消防间距相统一,便于实施。

    2 餐饮单位建在商住楼的裙房内时,为了避免矛盾,规定其厨房和本住宅建筑上下贴邻时垂直投影的水平距离定为9 m,主要是由于裙房的面积一般不大,如果距离定得太大实施较难;距离太小,难以保证厨房油烟排放口和住宅之间 20 m 的间距。

3.2.4 餐饮建筑对有特殊保护要求的建筑的影响,需要根据被保护建筑的具体保护内容、保护等级和建筑功能确定,较难一概而论,故提出具体项目需在符合被保护建筑的具体要求的前提下确定建筑间距。

4 单体设计

4.1 一般规定

4.1.1 在满足烹饪加工工艺和卫生要求的前提下,合理的布局和流线可以减少噪声、废气和垃圾对周边环境的影响,设计应合理布置各种功能流线,避免和减少因清污流线、熟食与生食运输流线交叉等原因产生污染。

4.1.2 原规程中"建筑面积不应小于 $100\ m^2$"的规定对目前新出现的小型供应外卖的餐饮业态形成较大约束。因此,本标准中规定餐饮单位"建筑面积不宜小于 $100\ m^2$",旨在鼓励餐饮业态向大型、集约化发展,但小型餐饮在治理设施规范的前提下也是可实施的。

  餐饮单位对环境的影响主要来自热加工的厨房,由于有的餐饮单位所在建筑面积较小,层高偏底,设备要求的空间无法保证,故本条中提出在设有餐饮功能的建筑设计中,平面和厨房室内净高的最低要求应满足现行行业标准《饮食建筑设计标准》JGJ 64 的相关要求。

4.1.3 由于餐饮服务的营业时间长、人员多,且门口又有一些临时停车,对周边的居民、学生、病人等敏感人群影响较大;货物运输也常常安排在夜间和清晨,所以门厅入口和辅助货物入口不应靠近环境敏感建筑。

4.1.4 本条由强制性条款修订为非强制性条款。餐饮单位产生的油烟、恶臭(异味)、餐厨垃圾及噪声会影响周边的环境,要减少对环境的污染,必须设有净化油烟、隔油和降噪的设备满足环境对排放的要求。目前,有许多餐饮单位均未留有设备空间,导致各种设备无法安装,为确保环保设施正常发挥作用,应首先有合理的配套空间,选用的设备能及时处理餐饮单位厨房产生的污染物。井道设置应满足相关消防要求。

制订本条的考虑是在餐饮单位的建筑设计阶段就预留出一定场所,主要包括三部分组成:①放置设备以及连通管道所需的空间;②清理污染物所需通道占地;③维护保养设备所需场地。

4.1.5 餐饮单位的油烟排放必须满足相关的净化和排放高度要求,含油废水必须经过隔油处理后才能排入城市污水管网。餐饮广场(中心)和商业综合体内一般设有多家餐饮单位,从技术、经济、后期维护等角度鼓励使用集中式的油烟净化和隔油设施进行净化处理,且目前已有较多现实案例显示,相对集中处理的方法可行。设置集中垃圾贮存场所,可实现节地、集中管理和集中运输的目的。

本标准中"宜相对集中处理"指按照实际可操作性相对集中地布置处理/预处理设施。

4.1.6 由于隔油池会散发出恶臭(异味),同时油渣需经常清理,往往使周边产生油腻,环境质量较差,因此不能将其设在卫生要求较高的空间,同时需考虑清运的空间。

4.1.7 垃圾贮存场所设在公共场所将严重影响市容市貌,扰乱周围居民正常生活环境。从城市市容的要求出发,垃圾贮存场所出口应设在次要街道,并便于清理和转运。

4.2　专用配套空间

4.2.1 专用配套空间随餐饮单位面积增大而加大,但不一定成正比例。通风、净化设备专用空间大小取决于油烟排风的风量。根据对数百家餐饮单位厨房的油烟净化系统和净化设备外形尺寸的调研,取了比较合理的布局,编制了本标准附录 A,供预留油烟净化设备空间及油烟排风管道参考选用。

4.2.2 餐饮单位隔油设施包括隔油池、厨房钢制隔油器以及含油废水净化一体化装置,所预留的空间应根据选用的设施和废水水量等综合因素确定;且存油部分应便于管理和清运。

4.2.3 餐饮单位的垃圾贮存场所主要用于湿垃圾、废弃油脂、瓶罐、纸箱等各种垃圾的分类收集及暂时存放。原规程出于餐饮单位建筑单位面积不应小于 100 m² 的考虑,从而规定固废贮存场所预留最小占地面积不应小于 1 m²。但当前建筑面积较小的供应外卖的餐饮业态较多,因此,本标准只要求餐饮单位的垃圾贮存场所能满足其产生垃圾的分类收集和暂存要求,对垃圾贮存场所面积大小不作具体要求,使标准更具有普遍适用性。

4.2.4 本次修订将该条修订为非强制性条款。从建筑的整体美观和与周边环境相协调角度考虑,要求餐饮单位的油烟排放管道集中通过建筑预留的井道排放。此外,为了便于后期清理维护,应考虑预留油烟管道清理更换空间。预留排油烟管道的清理空间一般是可以实现的,但预留排油烟管道的更换空间一般受限于厨房内外空间,因此本条对于二者分别采用了严格程度不同的用词,即"应预留排油烟管道的清理空间,宜预留管道的更换空间"。

4.2.5 餐饮广场(中心)或设有多家餐饮单位的商业综合体由于建筑面积较大,餐饮单位独立又数量众多,合理设置集中排油烟管道及井道既可消除火灾隐患,又可在满足使用功能的同时合理处理建筑立面、排油烟口与市容景观的关系。当餐饮区域面积较大时,设置单一管道有可能产生管道过长、风管截面积过大和管道难于布置的情况,可设置多路管道,但应相对集中。

4.2.6,4.2.7 为充分利用建筑空间,经常把油烟净化装置等环保设备和送排风设备放在建筑夹层或吊顶上。环保设备的特点是需要清理积存在设备内的污染物,为保证环保设备处理效果的持续稳定,留出设备维护保养空间特别重要。1.5 m 的高度是人员可以进行维修活动的最低高度。维修通道宽 0.45 m 是人员可以

在此通道内活动的最低要求。各设备所需维护保养的通道宽度
应满足各设备说明要求。

4.3　进排风口

4.3.1　本次修订将该条款由强制性调整为非强制性,并明确了油
烟排放口与周边环境敏感建筑的距离为最近直线距离。根据原
规程编制过程的相关研究和监测报告,油烟经过油烟净化处理
后,当排出口风速为 10 m/s 时,在 10 m 距离外已感觉不到排烟
气流(排风风速已衰减到 0.5 m/s 以下),也没有明显的油烟污染,
但烹饪异味仍然存在;在距离排出口 20 m 外,烹饪异味(在无风
或微风情况下)经扩散,对人的嗅觉影响已减到较小。为了保护
市民等环境敏感目标免受餐饮油烟异味的影响,减少由此产生的
各类污染矛盾,对于烹饪产生的油烟,若单经油烟净化处理,异味
的影响仍然存在,故要求其油烟排放口与环境敏感建筑的最短直
线距离不应小于 20 m;若在此基础上再增加除异味处理,则排放
口与敏感建筑最近直线距离可减少至 10 m。与敏感目标距离
10 m 和 20 m 的差别,主要考虑异味的影响。

4.3.2　本条原为强制性条文,本次修订调整为非强制性条文,并
对条文内容进行了明确。原规程中的规定在实际执行中存在歧
义,故调整为与国家标准《饮食业环境保护技术规范》HJ 554—
2010 相一致,可避免操作层面对油烟排放口排放高度要求产生误
解。对所在建筑高度小于等于 15 m 的餐饮单位,厨房油烟排放
口应高出屋顶,以便于操作;对所在建筑高度大于 15 m 的餐饮单
位,如将油烟排放口设在屋顶,另则建筑物存在火灾隐患,另则增
加排风机的电功率,不节能,也会增加噪声影响。为此,规定厨房
油烟排放口可设在建筑物的次侧面,有条件时排风口尽量布置在
所在建筑物的动力阴影区,但必须保证高度大于 15 m,建筑物的
15 m 一般已处在建筑的三、四层高度,有利于建筑外立面对其口

部的处理,并且可以减少油烟异味对周围环境污染的影响。

4.3.3 根据原规程的研究实测结果,当油烟异味扩散到 20 m 距离外已基本消除,故规定排油烟口与新风口在同一侧墙面时,二者水平距离不应小于 20 m。

5　油烟净化及通风设计

5.1　一般规定

5.1.1,5.1.2　厨房通风系统中的排风均由排风机完成,而补风有
两种方式,即自然补风和机械补风。

5.1.3　厨房补风来自两部分,一部分来自室外新风,另一部分来
自餐厅。烹饪作业时,应保持厨房处于负压状态。现行行业标准
《饮食建筑设计标准》JGJ 64 中规定,厨房间的负压值为 5 Pa～
10 Pa,主要防止厨房异味对用餐区产生倒灌窜味影响。

5.1.4　根据现行国家标准《排风罩的分类及技术条件》GB/T
16758 的要求,统一规范为"排风罩"。为避免厨房烹饪烟气无组织
排放和对厨房环境的影响,要求厨房的烹饪炉灶、蒸箱、烤炉等上
方应设置排风罩。同时,为满足饮食卫生要求,防止镀锌钢板锈
蚀影响收集效果,排风罩应选用不锈钢材质。

5.1.5　从卫生、防火和耐腐蚀等角度出发,厨房内的烹饪油烟排
风管道应用不锈钢板制作。厨房外的送、排风管及厨房内的送风
管考虑到投资费用,可选用镀锌钢板或不锈钢板制作。

5.1.6　本条提出应满足现行上海市地方标准《餐饮业油烟排放标
准》DB 31/844 中油烟净化的相关规定及要求。

5.1.7　从清洁生产和减少噪声对环境影响的需要出发,应选用节
能和低噪声的送、排风机。

5.1.8　油烟、蒸汽中成分差异较大,排放时间又不同,综合维护、节
能及污染防治等因素,二者排风系统宜分别设置,当条件受限时也
可一起排放,同时,排风设备的设置宜考虑不同运行工况的要求。

5.1.9 本条为新增条文。对于餐厨垃圾贮存间、隔油池放置间等专用空间恶臭（异味）较重，应配备排风系统，且此类恶臭（异味）气体排风系统应与其他排风系统分别设置。

5.2 烹饪油烟净化设计

5.2.1 罩口投影面大于灶台面可以较完全地捕捉排风。油烟排风罩罩口下沿离地高度 1.8 m～1.9 m，综合考虑了厨房灶台的常规高度、吸风捕集效率以及人员操作、设备维护的方便程度等因素。

5.2.2 对收集烹饪加工油烟的排风罩，进口风速应略大才能实现有效收集，故确定为 0.6 m/s 以上。此处罩口风速即为排风罩的断面风速。

5.2.3 油烟排风管管内风速控制在 8 m/s～12 m/s 的范围内，主要为减少管内积油污，同时避免风阻和噪声增大。最低风速 8 m/s 符合现行国家标准《民用建筑供暖通风与空气调节设计规范》GB 50736 的相关规定。最高风速 12 m/s 根据美国的 ASHRAE 相关标准和国内常用的低速风管的流速取值确定。

5.2.4 将净化装置设在排风机之前，使油烟经过净化后再到风机，可以对风机起到较好的保护作用，延长风机使用寿命。另外，该条补充了净化装置以及油烟、恶臭（异味）排放应满足现行上海市地方标准《餐饮业油烟排放标准》DB 31/844 的有关规定。

5.2.5 本次修订根据国家及上海市现行标准，补充了餐饮单位油烟排放监测口及监测平台的设置要求，即应满足现行国家标准《固定污染源排气中颗粒物和气态污染物采样方法》GB/T 16157 的相关规定。

5.2.6 厨房油烟排风管较易积油，为使沉积的油便于清理，水平油烟排风管应有不小于 2% 的坡度，且坡向集油、放油或排凝结水装置方向。水平油烟排风管与楼板及周围可燃物保持一定间距，主要考虑防火及便于拆卸。

5.2.7 根据实际经验,当管道积油多时,很难保证达标排放,同时也存在火灾隐患,因此厨房油烟排风管道应便于清洗。根据现场条件,一般可以采取两种方法,即管道拆下清洗,或在管道上开检修孔等用于清油污。检修孔的大小视检修和清洗的需要确定。

5.2.8 一般油烟排风系统的风压在中压风管的范围内,强度和严密性应满足中压风管的要求,避免管道漏风影响周边环境。

5.3　通风设计

5.3.1 根据相关设计手册,厨房通风量按灶台排风罩罩口风速计算,可换算到换气次数。基于原规程制定过程中对火锅、咖啡、酒吧厨房的相关调研,按照本标准表 5.3.1 计算得到的通风量能满足热平衡和除油烟的通风要求。

5.3.2 本条中"排风罩"指除油烟排风罩之外的其他排风罩。原规程规定"炉灶排气罩口的面风速宜取 0.5 m/s～0.8 m/s",本标准一则删除"炉灶"二字,即对所有除油烟排风罩以外的其他排风罩进行面风速规定;二则根据现行国家标准《排风罩的分类及技术条件》GB/T 16758,规范"罩口面风速"为"罩口风速";三则综合考虑现行的不同类型的集气方式(包括顶吸、侧吸等),各方式罩口风速差异较大。因此,本标准修改为:"排风罩的罩口风速不宜小于 0.5 m/s",适用范围更广。

5.3.3 参考美国标准中规定风速下限为 7.6 m/s,我国台湾标准为7.5 m/s。本标准提出"厨房排风管内风速不应小于 7 m/s",基本可满足排风要求,同时从降噪角度出发,一般风速较小,噪声较低。

5.3.4,5.3.5 本条中的口部风速是指进、排风口部的有效净面积风速。

5.3.6 餐饮单位营业中会产生大量餐厨垃圾,这些垃圾会产生恶臭（异味），从而影响环境，当这些垃圾置于专用房内时，应设置独立的排风系统并使室内保持负压，以减轻恶臭（异味）对外环境的影响。结合现行国家标准《民用建筑供暖通风与空气调节设计规范》GB 50736 中对中水和污水泵房等散发恶臭（异味）机电用房的通风换气次数要求，规定餐饮建筑内餐厨垃圾贮存间换气次数不宜小于 8 次/h。对于大型规模化餐饮单位，堆放餐厨垃圾的专用房内推荐设置降温设备控制房内的温度，以避免垃圾发酵产生恶臭（异味）。

5.3.7 本次修编新增本条内容，隔油池置于室内时，应设置密封活动盖板。同时，房间内应设置排风系统是为了保持房间内负压，防止恶臭（异味）气体外泄，通风换气次数符合现行国家标准《建筑给水排水设计标准》GB 50015 中对隔油器设备间的换气次数要求，即不宜小于 8 次/h。

5.3.8 本次修编新增本条内容，餐厨垃圾贮存间及隔油池室内恶臭（异味）较重，除应设置排风系统外，有条件的宜在排风系统上设置恶臭（异味）处理装置，且恶臭（异味）气体排放应满足现行上海市地方标准《餐饮业油烟排放标准》DB 31/844 的有关规定。

6 排水设计

6.1 一般规定

6.1.1 本条将原条文中的废水排放量计算方法等均纳入本标准第 6.2 节隔油处理设计中。现行国家标准《建筑给水排水设计标准》GB 50015 是建筑业给水排水设计的基本规范,餐饮单位的排水应按照该标准进行设计。

6.1.2 餐饮单位含油废水与其他污水水质相差较大,同时为了便于油脂的收集和再利用,餐饮单位含油废水与其他污水有必要分流设计。

6.1.3 对于污水纳管排放的餐饮单位,一般只需经隔油设施处理后直接排放;隔油设施建议优先采用成品隔油器。对于污水不能纳管排放的餐饮单位,除进行隔油处理外,还需按照其他有关规范进行处理,符合现行上海市地方标准《污水综合排放标准》DB 31/199 的相关要求后再排放。

6.2 隔油处理设计

6.2.1 水量计算是隔油处理设计的重要组成部分,故本次修订中将原规程的废水排放量计算方法等均纳入隔油处理设计中进行细化描述。

餐饮单位用水量由现行适用于上海地区的用水标准或规范来确定;污水排放量一般按照用水量的 90% 计算。根据餐饮单位的营业时间确定排水时间,餐饮单位排水设计应能满足最高日流量的要求。此外,基于调查和资料统计,给出了单位餐厅建筑面积污水排放量的指标,当餐饮单位顾客人数不确定时,可作参考,也可作为污水排放量的校核之用,但设计排水量最终还是应按现行国家标准《建筑给排水设计标准》GB 50015 计算。

本标准对于小规模中餐店(建筑面积不大于 150 m^2 或用餐区域座位数不超过 75 座),可取指标的上限;对于西式餐饮,可取指标的下限;对于其他类型餐饮单位可取指标的中间值。

6.2.2 本标准中污水水质是通过监测和资料整理所得,如有实测数据,应以实测为准。当实测数据均低于本标准表 6.2.2 的推荐值时,宜按表内最低值设计。

6.2.3 规范了条文内容表达,将原条文中的隔油池处理效率的规定统一纳入隔油池设计要求,同时,将"含油废水的水力停留时间不得小于 0.5 h"规范表达为"含油废水的水力停留时间不应小于 0.5 h"。

1 对于污水动植物油不小于 200 mg/L 的餐饮单位,经隔油设施处理后,水中动植物油指标如需达到现行上海市地方标准《污水排入城镇下水道水质标准》DB 31/445 的要求,隔油设施的处理效果应不小于 50%;对于污水中动植物油指标小于 200 mg/L 的餐饮单位,为了降低污水管网堵塞和减轻终端处理设施的负荷,隔油设施的处理效果也应不小于 50%。

2 餐饮单位含油废水在隔油池内停留时间由实际工程和实验数据确定。

3 餐饮单位含油废水在隔油池内的流速太高,影响对动植物油的处理效果,根据以往的设计经验,污水在隔油池内的流速控制在 0.005 m/s 以内,有利于动植物油颗粒的上浮。

5 隔油池存油部分的容积与污水含油量、清掏周期有关,参照实践经验,存油部分的容积不宜小于该池有效容积的 25%,且便于日常的清运和管理;另外,根据国家标准《饮食业环境保护技术规范》HJ 554—2010,提出隔油池出水管管底至池底深度不宜小于 0.6 m 的规定。

6 本条根据国家标准《饮食业环境保护技术规范》HJ 554—2010 补充与隔油池相连的管道的相关要求,除该标准中提到的防酸碱腐蚀、耐高温的要求外,管道还应满足防冻及防高盐腐蚀的要求。综上,与隔油池相连的管道应防腐蚀、防冻及耐高温,此处耐高温指耐 100℃高温。

6.2.4

1 成品隔油器除应满足现行行业标准《餐饮废水隔油器》CJ/T 295 及《隔油提升一体化设备》CJ/T 410 的设计要求外,还应符合现行国家标准《建筑给水排水设计标准》GB 50015 中关于隔油器超越管、通气管等的设计要求。

2 当餐饮单位污水中动植物油浓度较高时,隔油器隔油效率要求不低于 90%;餐饮单位污水中动植物油浓度较低时,隔油效率可适当降低。

7 噪声及振动控制

7.1 一般规定

7.1.1 对餐饮单位边界噪声应执行的标准进行了更新修订。根据对上海市各类餐饮单位的调研,餐饮单位的主要噪声和振动源来自四个方面:一是水产品专用气泵;二是空调机组;三是厨房排风机;四是人为因素。除人为因素外,其他三个方面都属于餐饮业环境保护设施设计内容,这三方面的噪声和振动源经过噪声控制和隔振措施后,依据现行环保管理要求,餐饮单位的设备边界噪声应符合现行国家标准《社会生活环境噪声排放标准》GB 22337 的要求,餐饮单位边界应满足现行国家标准《工业企业厂界环境噪声排放标准》GB 12348 的要求,振动应符合现行国家标准《城市区域环境振动标准》GB 10070 的要求。

7.1.2 餐饮单位产生噪声的设备是指专用气泵、空调机组、水泵及厨房排风机等,这些设备可选择的余地很大,达到同样的技术要求,噪声高低范围很大。本条要求在同样技术条件下,选用噪声较低的设备。

7.1.3 餐饮单位噪声设备种类多,噪声源强差异大,情况复杂,通过设定统一距离标准来解决噪声影响的方法会给实际操作带来困难。因此,本条主要是针对设备布局提出的,即设备应放置在相对远离环境敏感建筑的位置。

7.1.4 本条将原规程中的鱼缸专用气泵修订为水产品专用气泵。水产品专用气泵噪声值不是很高,一般在 70 dB(A)~80 dB(A),水产品专用气泵的主要噪声影响是 24 h 连续运转,因此,夜间容易造成噪声超标。从调研情况分析,只要将水产品专用气泵放置于餐饮单位经营场所的室内,就可以解决其深夜噪声污染问题。

7.1.5 主要考虑专用机房即使采取了降噪和隔声措施,对紧贴邻的建筑仍会有一定的影响,应该在设计上避免与对噪声和振动特别敏感的特殊功能用房贴邻布置。对噪声和振动特别敏感的特殊功能用房是指会议室、精密仪器室等。

7.2 噪声和振动控制

7.2.1,7.2.2 单台噪声指设备本体产生的噪声,根据研究分析,室外放置的风机和室外空调机组采取降噪措施的技术局限性较大,很难大幅度地降低噪声,一旦设备大于 80 dB(A),即使采取降噪措施及距离衰减也很难使周边环境的噪声达标。在控制设备噪声源强的基础上,采取一定的隔声、降噪措施,才可使设备在运行时,噪声达到相应的功能区标准要求。另外,第 7.2.2 条中,原规程针对"热泵机组"进行规定,由于热泵机组的定义太过单一,而室外空调机组概念更大,能涵盖包括除热泵机组外的空调系统室外声源。因此,本标准改为"室外空调机组"。

表 1 是噪声源(经降噪后的噪声)在理想状态下达到 2 类标准所需要的衰减距离,仅供参考使用。

表 1 噪声源在理想状态下达到 2 类标准所需要的衰减距离

噪声源[dB(A)]	65	70	75	80	85	90
白天距离(m)	4.5	11	14	30	80	100
夜间距离(m)	14	30	80	100	220	500

7.2.3 本条主要是为了防止机房噪声影响外界,包括室内环境和室外环境。根据目前技术水平,采取措施后的隔声指数可以达到预定的指标。

7.2.4 根据现行国家标准《饮食业油烟净化设备技术要求及检测技术规范》HJ/T 62 的要求，不同油烟净化设备阻力范围在 300 Pa～600 Pa，设备的阻力大小直接影响厨房排风风机的噪声，应根据餐饮单位所在区域噪声功能级别，选择适宜的油烟净化设备。

7.2.5 采取吸声措施可降低专用机房内的混响声。

7.2.6 原规程"热泵机组"改为"室外空调机组"，原因详见本标准条文说明第 7.2.1 条和第 7.2.2 条。

8 垃圾收集

8.1 一般规定

8.1.1 对原规程内容进行了修订。根据《上海市餐厨垃圾处理管理办法》和《上海市生活垃圾管理条例》的相关要求,餐饮单位产生的垃圾应按生活垃圾的标准进行分类,即分为可回收物、有害垃圾、湿垃圾和干垃圾四类,实行分类收集。湿垃圾和废弃油脂应分别存放。后文中从设计层面要求餐饮单位应考虑为各类垃圾设置专用的贮存场地或设置专用收集容器,旨在保证餐饮单位对垃圾进行有效的分类收集及存放,防止随意倾倒,污染周边环境。

8.1.2 易腐烂、散发恶臭(异味)的湿垃圾易招来苍蝇、蟑螂,与需进食的新鲜食物放在一处,将造成恶劣的卫生死角。从保护饮食制作空间、防止疾病传播出发,要求餐饮单位的湿垃圾和废弃油脂应放置在有盖垃圾桶内,且存放容器的容积和数量应符合现行行业标准《环境卫生设施设置标准》CJJ 27 的要求。现行行业标准《环境卫生设施设置标准》CJJ 27 对生活垃圾分类有专门的规定,餐饮单位产生的基本是生活垃圾,因此其分类应符合该标准要求,分类存放容器的容量和数量在该标准中有明确要求,旨在防止湿垃圾对外界环境的影响。

8.1.3 为了保障上海市民的身体健康,防止疾病传播,并根据《上海市餐厨废弃油脂处理管理办法》,餐饮单位产生的废弃油脂必须送有资质的单位回收处置。

其他湿垃圾可由餐饮单位自行处置或委托有资质单位回收

处置,自行处置相关要求详见本标准第 8.1.4 条。

8.1.4 结合国家和本市对湿垃圾处置要求的最新情况,对本条内容进行了修订。对特大型、大型餐饮单位或餐饮广场(中心)等的湿垃圾建议就地处置,对餐饮单位产生的大量易腐烂变质垃圾提倡配置湿垃圾就地处理设施,一方面可以使这些垃圾实现减量化,从而减少转运过程及其中间环节的环境污染;另一方面减少了对自身及其周边环境的污染。

其中,特大型、大型餐饮单位的分类可按现行行业标准《饮食建筑设计标准》JGJ 64 的规定执行。

8.2 垃圾临时存放

8.2.1、8.2.2 根据常规垃圾桶规格,短边长度约 0.4 m~0.6 m,因此,规定垃圾存放场所短边长度不宜小于 0.6 m;同时,为满足餐饮单位产生的湿垃圾、废弃油脂及可回收物分类存放的需要,最小的餐饮店(不宜小于 100 m²)也应预留至少 1 m² 的配套占地面积堆放上述垃圾。因此,规定每 100 m² 建筑面积宜至少有 1 m² 的配套占地面积。而对于建筑面积较大的餐饮单位,不能以上述标准作为基准,但给出的下限属于基本要求,可以基本满足堆放各种垃圾的要求。

8.2.3 在原规程的基础上增加了本条。为防止恶臭(异味)、虫害及扬尘等的影响,垃圾临时存放场地不宜设在厨房、餐厅等有卫生要求的空间。